Maria-Regina & Michael Altmeyer

Wir basteln für den WEIHNACHTSMARKT

Vielseitige Ideen im Material-Mix

frechverlag

Von Maria-Regina und Michael Altmeyer sind im frechverlag viele weitere Bücher erschienen. Hier eine Auswahl:

TOPP 2019

TOPP 2184

TOPP 2100

TOPP 2150

TOPP 1868

TOPP 2228

Fotos: frechverlag GmbH + Co. Druck KG, 70499 Stuttgart; Fotostudio Ullrich & Co., Renningen

Auflage: 5. 4. 3. 2. 1. | Letzte Zahlen
Jahr: 2001 2000 1999 98 97 | maßgebend

frechverlag GmbH + Co. Druck KG, 70499 Stuttgart

ISBN 3-7724-2246-2 · Best.-Nr. 2246

Druck: frechverlag GmbH + Co. Druck KG, 70499 Stuttgart

Allerorts finden in den Wochen vor Weihnachten die traditionellen Advents- und Weihnachtsbasare oder Weihnachtsmärkte statt. Was fleißige Hände mit viel Liebe in tage- und wochenlanger Arbeit geschaffen haben, wird an langen Ständen oder bunt geschmückten Buden feil geboten und für einen guten Zweck verkauft. Ob jemand festlichen Tannenbaumschmuck, stimmungsvolle Adventsdekorationen oder ein Geschenk in letzter Minute sucht: Auf dem Adventsbasar oder Weihnachtsmarkt ist es zu finden!

Die folgenden Seiten zeigen eine Vielfalt von Ideen und Vorschlägen, wie Sie Ihren Basar um neue Motive bereichern können.

Es wird mit unterschiedlichsten Materialien gearbeitet: Naturgemäß nehmen dabei der beliebte Tonkarton und Vorschläge aus Holz einen größeren Raum ein, gezeigt wird aber auch, wie mit Prägefolie ein wirkungsvolles Mobile gelingt oder wie mit Rohlingen aus Styropor, kleinen Tontöpfchen, Heu und Stroh schnell und einfach attraktive Weihnachtsdekorationen gestaltet werden können. Alles Dinge, die sich auf Ihrem Weihnachtsbasar wirkungsvoll präsentieren lassen. Die Bastelideen in diesem Buch können aber auch unabhängig von einem Weihnachtsmarkt Ihre vorweihnachtlichen Familien-Bastelstunden gestalten helfen.

Ein fröhliches Basteln und einen erfolgreichen Weihnachtsbasar wünschen Ihnen

Maria-Regina und
Michael Altmeyer

ARBEITS-HINWEISE

Die genauen Materialangaben der einzelnen Motive sind der entsprechenden Beschreibung jeweils vorangestellt.
Zum Anfertigen von Schablonen benötigen Sie außerdem Transparent- oder Architektenpapier. Auch normales Butterbrotpapier ist dafür geeignet.
Denken Sie auch daran, beim Arbeiten mit dem Cutter eine Schneideunterlage aus Hartgummi oder dicken, festen Karton unterzulegen. Die Unterlage schützt Ihren Arbeitstisch vor Beschädigungen und erleichtert das Ausschneiden.

Folgendes Werkzeug wird benötigt:

- Schneidewerkzeuge: mittelgroße, spitze Schere (Papierschere); Nagelschere; Cutter; Zackenschere
- Schneideunterlage
- Lochzange; kleine Nadel
- Klebstoff: Alleskleber; Heißkleber aus der Klebepistole
- Bleistift (Stärke HB)
- (Metall-)Lineal; Geo-Dreieck
- Unterlage zum Schutz des Arbeitstisches vor Klebstoffresten

Für die Holzarbeiten wird zusätzlich benötigt:

- Laub- oder Dekupiersäge
- Schleifpapier
- Rund- oder Flachfeile
- Handbohrer, Bohrmaschine
- Holzleim

Das Material für die Holzteile besteht aus Sperrholz- oder Tischlerplatten in unterschiedlichen Stärken. Für die gezeigten Motive reichen Reststücke, die Sie im Baumarkt oder beim Holzhändler günstig erhalten können. Das Holz sollte von guter Qualität sein; minderwertiges Holz kann an den Furnierkanten ausbrechen.

Schablonen erstellen:

Die Zeichnungen für die Holzarbeiten können Sie vom Vorlagenbogen direkt auf die Sperrholz- oder Tischlerplatte durchpausen. Bei den anderen Motiven wird zunächst eine Schablone angefertigt. Legen Sie dazu Transparent- oder Architektenpapier auf die gewünschte Zeichnung des Vorlagenbogens, und zeichnen Sie die einzelnen Teile mit einem spitzen, nicht zu harten Bleistift nach. Anschließend wird das Transparentpapier mit dem abgepausten Motiv auf ein Stück festen Karton (Tonkarton) gelegt bzw. geklebt und an den Bleistiftlinien exakt ausgeschnitten. Diese Kartonteile dienen als Schablonen.

Die Schablone legen Sie so auf das entsprechende Werkmaterial, daß sie nicht verrutscht, und umfahren die Umrißkanten sorgfältig mit einem Bleistift. Auf dunklem Untergrund hebt sich der Bleistiftstrich nicht genügend ab; hier sollten Sie für das Umfahren einen weißen Farb- oder Kreidestift benutzen.

Anschließend können die Motive ausgeschnitten bzw. die Holzteile ausgesägt werden. Bei geraden Linien den Cutter einsetzen. Das Cuttermesser wird dabei wie ein Bleistift gehalten. Richten Sie ein Metallineal an der auszuschneidenden Linie aus, und ziehen Sie mit dem Cutter mit leichtem Druck daran entlang (Schneideunterlage nicht vergessen!). Rundungen und Aussparungen mit einer spitzen Schere, sehr kleine Wölbungen oder Details mit einer Nagelschere bearbeiten.

HINWEIS

Verwenden Sie wegen der besseren Stabilität den angegebenen genarbten Tonkarton (220 g/m^2) oder einen Tonkarton mindestens in dieser Stärke.

Der Weihnachtsmarkt ist eröffnet!

- Tonkarton, hautfarben und hellbraun
- Tonkarton (einseitig genarbt), rot, weiß und schwarz
- Rundholz, ø 4 mm, 40 cm lang
- Jutestoff, 20 cm x 17 cm
- Stoffreste
- Zauberwatte
- Schnur
- Filzstift, schwarz
- Creme-Rouge

Den Kopf und das Schild einmal, die Ärmel und den Pelzbesatz der Ärmel je viermal, alle übrigen Teile jeweils doppelt aus Tonkarton zuschneiden.

Zuerst werden mit einem Cutter in die beiden Mantelhälften die Schlitze für die Ärmel geritzt. Anschließend die Ärmelhälften aufeinanderkleben, dabei die Hände dazwischenschieben und mitfixieren. Beidseitig den Fellbesatz anbringen. Nun falzen Sie die Ärmel an den gestrichelten Linien und biegen den Karton leicht nach innen. Die oberen Klebelaschen durch die Mantelschlitze stecken und auf der Rückseite fixieren. Jetzt kann der Mantel zusammengeklebt werden, dazwischen befestigen Sie den Kopf.

Dann den Nikolaus beidseitig mit seinen Schuhen, der Mütze, dem Pelzbesatz und den Augen ergänzen. Die roten Wangen reiben Sie mit etwas Creme-Rouge auf.

Mit einem Filzstift wird nun das Basarschild beschriftet. Danach stanzen Sie mit einer Lochzange die beiden Löcher in das Schild, stecken das Rundholz durch und plazieren es zwischen den Nikolausarmen; eine Ecke des Basarschilds wird dabei an der Mütze festgeklebt.

Zuletzt erhält der Nikolaus noch sein Säckchen. Legen Sie den Jutestoff zur Hälfte, und nähen Sie den Boden und die Seiten zusammen. Die Naht mit Zickzack-Stich versäubern und den Stoff wenden. Zur Zierde werden von Hand einige Flicken aufgenäht.

Anschließend wird das Säckchen mit Zauberwatte ausgestopft und mit einer Schnur verschlossen. Das Säckchen geben Sie dem Nikolaus in die Hand. Die Handspitzen zusammenkleben.

Der Holzstab und das Säckchen dienen als Stütze, so daß der Nikolaus sogar selbständig stehen kann.

Basar

Zeit für Engel

Engelpüppchen

- Kegelpüppchen aus Holz, Höhe ca. 7 cm
- Bastelfarbe, hautfarben, blau und gold
- Klarlack
- Prägefolie (Aluminiumfolie), gold
- Feenhaar
- Goldkordel
- Nägel

Die Kegelpüppchen mit den Bastelfarben bemalen. Die kleinen, dekorativen Punkte werden mit Hilfe eines Holzstabs aufgetupft. Anschließend die Püppchen lackieren.

Die Flügel schneiden Sie aus dünner Metallfolie zu. Legen Sie dann die Flügel auf eine weiche Unterlage, und drücken Sie die Flügelkonturen mit einer Stopf- oder Stricknadel durch. Mit einem Nagel das Flügelpaar auf dem Rücken der Holzkegel befestigen und die Flügel leicht nach hinten biegen, so daß sie vom Körper abstehen.

Als Haare kleben Sie noch einige Streifen Feenhaar auf den Engelkopf; eventuell das Haar etwas kürzen und in Form schneiden. Zuletzt verzieren Sie das Haar mit einem Haarreif aus Goldkordel oder binden die Haarenden zu kleinen Zöpfen zusammen.

Kerzenständer „Engel“

- Gehobeltes Kiefern- oder Fichtenholz, Stärke 13 mm
- Sperrholzplatte, Stärke 6 mm
- Holzglocke, Höhe 3 cm, ø 3 cm
- Bastelfarbe, hautfarben, braun, gold, blau, weiß und schwarz
- Klarlack
- 2 Holzschrauben
- Christbaumkerze

Das Engelmotiv wird auf das 13 mm starke Holzbrett, die Bodenplatte auf das Sperrholz übertragen und ausgesägt. Die Kanten mit Schleifpapier glätten. Anschließend die Bodenplatte, den Engel und die Holzglocke mit Bastelfarben anmalen.
Bei den Ärmeln mischen Sie etwas weiße mit blauer Farbe. Das Auge wird mit Hilfe eines dünnen Holzstabs aufgetupft. Wenn die Farbe getrocknet ist, wird das Holz lackiert.
Dann schrauben Sie die Holzglocke verkehrt herum, d.h. mit dem Trichter nach oben, als Kerzenhalter an die Hand. Später nimmt die Trichteröffnung die Kerze auf. Zuletzt drehen Sie an der Markierung (Kreuz) eine Holzschraube in die Bodenplatte und verschrauben Boden und Engel miteinander.

Die Engelbäckerei

- Tonkarton, hautfarben und hellblau
- Tonkarton (einseitig genarbt), weiß, hellbraun und dunkelbraun
- Goldkarton
- Rundholz, ø 4 mm, 5 cm lang
- Wellpappe, naturfarben
- Goldkordel

Zunächst fertigen Sie die einzelnen Engelbäcker an. Den Körper einmal, die Ärmel viermal, alle anderen Teile doppelt aus Tonkarton ausschneiden. Die Flügel werden doppelt aus Goldkarton gearbeitet.
Mit dem Cutter in die beiden Hemdhälften je einen Schlitz für die Ärmellaschen einritzen; beim Engel mit dem Backblech zusätzlich die Beinlinie einschneiden. Anschließend die Ärmel beidseitig auf die Arme kleben, die Laschen durch die Schlitze stecken und innen fixieren; so bleiben die Arme beweglich und lassen sich später nach Wunsch vom Körper abspreizen. Dann können Sie das Hemd auf dem Körper befestigen, dabei wird das Flügelpaar mit den Klebelaschen daruntergeschoben und mitfixiert. Die Flügel nach außen biegen.
Zuletzt plazieren Sie nacheinander beidseitig die Haare und die Kochmütze. Das Auge wird mit einer Lochzange eingestanzt. Nun geben Sie den Engelbäckern noch die verschiedenen Backutensilien in die Hände.

Backblech: Aus hellblauem Tonkarton die Grundform zuschneiden. Die durchgezogenen Linien einschneiden, die gestrichelten Linien falzen. Dann knicken Sie die Seitenteile nach oben und kleben das Backblech an den Ecken zusammen.
Aus Wellpappe sechs Sternplätzchen schneiden, die Mittellöcher ausstanzen und die Plätzchen mit der welligen Seite nach unten auf dem Backblech verteilen. Zuletzt kleben Sie das Blech zwischen die Hände.

Nudelholz: Schneiden Sie einen Wellpappestreifen von 9 cm x 3,5 cm zu, die Wellen verlaufen dabei quer zur Längsrichtung. Der Streifen wird mittig so um ein Rundholz gewickelt, daß die Wellen nach innen zeigen und später nicht mehr sichtbar sind. Das Ende des Wellpappestreifens mit Klebstoff fixieren. In die Hände eines Engels stanzen Sie zwei Löcher und stecken die Enden des Nudelholzes hindurch. Eventuell die Innenflächen der Hände mit einem Tropfen Klebstoff an der Rolle befestigen.

Lebkuchen: Das Lebkuchenherz aus Tonkarton verzieren Sie auf beiden Seiten mit einigen Mandeln. Anschließend kleben Sie auf die Lebkuchenrückseite außen je einen kleinen Tonkartonsteg, falzen die überstehenden Steghälften und fixieren damit das Herz zwischen den Handinnenflächen.

In die Mützen der Bäcker stechen Sie mit einer Nadel ein Loch und ziehen als Aufhängeband Goldkordel durch.

WEIHNACHTS-EINKÄUFE

- Tonkarton, hautfarben
- Tonkarton (einseitig genarbt), rot, grün, blau, hellbraun, dunkelbraun, weiß und schwarz
- Wollreste, rot, blau, hellbraun und beige
- Filzstift, schwarz
- Steckschaumwürfel
- Geschenkpapierreste
- Goldband

Junge

Hose, Kopf, Nase und Baumstamm je einmal, Schuhe viermal, alle übrigen Teile doppelt aus Tonkarton zuschneiden. Zu Beginn die gestrichelten Linien am Pulloverteil und an einem Handschuh falzen; hier werden später die Teile nach vorne gefaltet.

Die Handschuhe, die Hose und den Kopf zwischen die Pulloverhälften kleben. Der Schal wird fransig eingeschnitten und beidseitig auf den Pullover geklebt. Die Fransen leicht nach vorn wölben, so daß sie vom Körper abstehen. Die beiden vorderen Schuhteile an den markierten Punkten lochen und je einen ca. 25 cm langen, dicken Wollfaden als Schuhband durchfädeln. Anschließend die Schuhe fixieren.

Dann plazieren Sie das grüne Mützenteil und kleben kleine Tonkartonkreise als Augen und Nase auf. Die Mundlinie wird mit einem schwarzen Filzstift aufgezeichnet. An vorderem und hinterem Mützenrand befestigen Sie als Haare ca. 4 cm lange Wollfäden; im Gesichtsbereich die Fäden etwas kürzen. Den Befestigungspunkt der Wollhaare mit dem roten Pelzbesatz kaschieren. Die Mütze wird mit einem großen Wollbommel gekrönt.

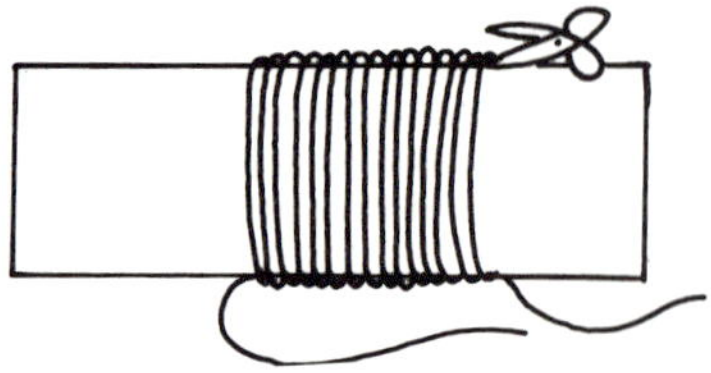

Die Anfertigung verdeutlicht die Skizze: Wickeln Sie die Wolle mehrmals schlaufenförmig um einen ca. 2 cm breiten Kartonstreifen. Einen Wollfaden durch die Schlaufen ziehen, stramm anziehen und fest verknoten. Die andere Schlaufenseite mit einer Schere auftrennen. In die Mützenspitze stanzen Sie ein Loch und knoten den Bommel an.

Zuletzt den Baumstamm zwischen das Tannengrün kleben, die Arme des Jungen nach vorn knicken und den Tannenbaum mit der Spitze in die Falzkante der linken Hand einpassen.

Mädchen

Ähnlich wie der Junge wird das Mädchen gearbeitet. Statt Pullover und Hose erhält es einen langen Mantel, der zusätzlich mit vier schwarzen Knöpfen und zwei roten Taschen verziert wird. Die Mantelrückseite erhält einen roten Riegel mit zwei aufgesetzten Knöpfen. Beim Mädchen werden die Schuhe nicht auf den Mantel, sondern dazwischen geklebt, daher werden sie nur doppelt benötigt.

Als Haare werden ca. 10 cm lange Wollfäden fixiert, die an den Seiten zu Zöpfen gebunden werden.

Die Geschenke bestehen aus 4–5 cm breiten Quadern, die aus einem Steckschaumwürfel geschnitten und anschließend mit Resten von Geschenkpapier und Goldband zu kleinen Paketen verpackt werden.

Weihnachtsglocken

Glocken aus Styropor

- Styroporglocken, Höhe 9 cm
- Packpapier, rot und grün
- Tapetenkleister
- Geschenkpapier mit Schneemann-Motiven
- Satinband, weiß, 1 cm breit, ca. 0,6 m je Glocke
- Metallglöckchen, ø 24 mm
- Koniferengrün
- dünner Blumendraht

Zuerst wird die Styroporglocke innen und außen mit grünem bzw. rotem Packpapier beklebt. Dazu reißen Sie das Papier in kleine Schnipsel und legen diese auf die mit Kleister eingestrichene Glocke. Nach und nach die Schnipsel befestigen, dabei immer wieder mit dem Pinsel Kleister aufstreichen, um das Papier ausreichend zu fixieren. Die ausgerissenen Papierkanten bilden nachher ein attraktives Muster wie bei einer Marmorierung.

Die Schneemänner sind aus Geschenkpapier ausgeschnitten. Auch sie werden mit Kleister befestigt. Falls Sie kein geeignetes Geschenkpapier finden, sind natürlich auch andere Motive möglich, z.B. Tannenbäume, spielende Kinder im Schnee o.ä. Die Schnipselglocke lassen Sie anschließend gut trocknen.

In einem Abstand von ca. 10 cm einen Knoten in das Satinband knüpfen und das Band mit Hilfe einer dicken Nähnadel von innen nach außen durch die Glocke ziehen; der Knoten verhindert ein Durchrutschen des Aufhängebandes. Am unteren Bandende befestigen Sie ein Metallglöckchen. Zum Schluß das Koniferengrün mit etwas Blumendraht zusammenbinden und oberhalb der Glocke am Satinband befestigen.

Glocken aus Tontöpfchen

(Abbildung Seite 16)

- Tonblumentöpfe, ø 6 cm
- Bastelfarbe, rot und gold
- Klarlack
- Schwamm
- Metallglöckchen, ø 15 mm
- Satinband, rot, 6 mm breit, ca. 1,40 m je Glocke
- Zahnstocher
- Koniferengrün
- Golddraht

Die Tonblumentöpfe mit roter Bastelfarbe grundieren. Anschießend wird das goldene Farbmuster mit einem Schwamm aufgetupft. Nach dem Trocknen der Farbe Klarlack auftragen.

An das Ende des Satinbandes knoten Sie ein Metallglöckchen und ziehen nun das Band von innen durch das Loch im Topfboden. Das Glöckchen sollte etwas aus dem Topf herausschauen.

Markieren Sie nun die Stelle, an der das Satinband im Loch verschwindet, und knoten Sie dort einen Holzrest oder einen Zahnstocher fest, so kann die Glocke nicht mehr ins Topfinnere hineingleiten.

Zuletzt das Koniferengrün mit etwas Golddraht umwickeln und außen mit einer Schleife am Satinband anknoten.

Sternenzeit

Stern aus Heu
(Abbildung Seite 16)

- Styroporstern, ø ca. 15 cm
- Heu
- Golddraht
- Satinband, rot, ca. 2,50 m lang
- rote Holzsterne

Legen Sie das Heu großzügig um den Styroporstern, und umwickeln Sie ihn anschließend eng und fest mit dem Golddraht. Überstehende Heufasern können mit einer Schere gestutzt werden.
Fädeln Sie nun fünf kleine Holzsterne auf ca. 1 m Satinband, und umwickeln Sie damit die Sternzacken. Beginnen Sie dabei auf der Rückseite, ein Bandende lassen Sie lang herunterhängen, das andere führen Sie nach vorn und wieder zurück, bis der ganze Stern umwickelt ist. Die roten Holzsterne plazieren Sie dabei immer auf einer Sternzacke.
Die Bandenden auf der Rückseite miteinander verknoten und eine Schlaufe als Aufhänger einarbeiten. Aus dem restlichen Satinband eine Schleife binden und am Stern befestigen.

Großer Strohstern
(Abbildung Seite 17)

- Drahtring, ø ca. 11 cm
- Stroh
- Golddraht
- Schleifenband mit Weihnachtsmotiv
- Satinband, grün und rot, je ca. 1,50 m lang
- Holzperlen, ø 1 cm
- rote Holzsterne

Den Drahtring dicht mit Stroh umwickeln und dieses mit Golddraht fixieren. Der Strohkranz dient als Unterbau, an dem die einzelnen Strohzacken befestigt werden. Binden Sie zunächst ein ca. 30 cm langes Bündel Stroh mittig mit Golddraht ab.

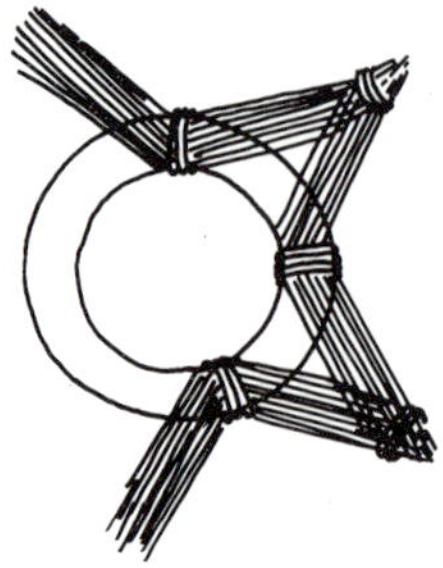

Die Drahtenden um den Kranz wickeln und das Strohbündel daran befestigen (siehe Skizze). Die Drahtenden werden verdreht und in den Kranz gesteckt. Nun weitere 4–5 Strohbündel anlegen und so fixieren, daß sich die jeweils nebeneinanderliegenden Bündelenden hochstellen lassen und eine gemeinsame Sternzacke bilden. Die Sternspitzen mit Golddraht zusammenbinden. Überstehende Halme werden mit der Schere auf eine Länge gekürzt.
Der Strohstern kann nun beliebig dekoriert werden. Befestigen Sie eine Weihnachtsschleife daran, und verzieren Sie ihn mit grünem und rotem Satinband. Auf die Bandenden mehrere Holzperlen und kleine Holzsterne auffädeln.

SCHWIBBOGEN

- Gehobeltes Kiefern- oder Fichtenholz, Stärke 13 mm
- Sperrholzplatte, Stärke 6 mm
- 4 Holzglocken, Höhe ca. 2,5 cm, ø 2,5 cm
- 6 Holzschrauben
- 3 Ringschrauben (Messing)
- 3 Schraubhaken (Messing)
- Holzbeize auf Wasserbasis, blau
- 4 Christbaumkerzen

Die Bodenplatte und den Bogen mit den beiden Engeln aus dem 13 mm starken Holzbrett aussägen.
Die Sterne werden aus der dünneren Sperrholzplatte gearbeitet. Sämtliche Holzflächen und -kanten mit Schleifpapier gründlich glätten. Anschließend die Bodenplatte, die Sterne und die Holzglocken mit der Holzbeize einfärben. Nun schrauben Sie von unten je eine Ringschraube an den markierten Stellen in den Bogen. Die vier Holzglocken werden verkehrt herum, d.h. mit der Trichteröffnung nach oben, in die Nuten der oberen Bodenrundung geschraubt. Dann die beiden Engel mit je einer Holzschraube von unten an der Bodenplatte fixieren.
Damit das Holz nicht spleißt, sollten Sie die Löcher für die Schrauben mit einem kleinen Bohrer vorbohren. In je eine Spitze der drei Sterne einen Schraubhaken eindrehen und die Sterne in den Bogen einhängen.
Zuletzt stecken Sie die Christbaumkerzen in die Glockentrichter.

Musikinstrumente

Trommel

- Papprröhre (Haushaltspapierrolle), ø 4,5 cm, Höhe 5 cm
- Tonpapier, rot und blau
- 3D-Colorwellpappe, gold
- dünne Goldkordel, ca. 1,5 m je Trommel
- Schaschlikstäbchen
- Holzperlen, ø 1 cm

Eine auf 5 cm Höhe gekürzte Papprolle bildet den Trommelkörper. Zunächst werden mit Tonpapier die Öffnungen der Rolle verschlossen. Schneiden Sie dazu aus Tonpapier zwei an den Rändern gezackte Trommelfelle von je 6 cm Durchmesser zu. Die Klebelaschen werden umgeknickt und die Felle auf der Papprolle fixiert. Anschließend die Rolle mit einem Streifen Tonpapier von 15 cm x 5 cm umkleben. Nun für jede Trommel aus 3D-Colorwellpappe (Wellen verlaufen quer zur Längsachse) zwei Streifen von 14 cm x 1 cm schneiden. In die beiden Streifen fädeln Sie in gleichmäßigen Abständen abwechselnd mit einer Nadel dünne Goldkordel durch (siehe Vorlagenbogen), dabei die Kordel noch nicht straff anziehen, sondern locker hängen lassen. Erst beim nachfolgenden Anbringen der Streifen wird die Kordellänge korrigiert und angepaßt. Streichen Sie nun oberhalb der durchgezogenen Kordel auf die glatte Seite eines der Wellpappestreifen etwas Klebstoff, und befestigen Sie den Zierstreifen am oberen Trommelrand.

Den anderen Streifen fixieren Sie mit der Lochreihe leicht versetzt zum oberen Zierring, dabei in kleinen Etappen vorgehen und die Goldkordel nachziehen, so daß sie mit dem Untergrund ein Dreiecksmuster bildet. Das Ende der Kordel wird als Aufhängeband genutzt.
Für die Trommelschlegel kürzen Sie ein Schaschlikstäbchen auf 6 cm und leimen an einem Ende eine Holzperle auf. Die Schlegel mit Goldkordel an der Trommel anknoten.

Bratsche

- Tonkarton, hellbraun und dunkelbraun
- dünne Goldkordel, ca. 1,10 m

Die geschwungenen Schallöcher doppelt, alle anderen Teile einmal aus Tonkarton zuschneiden. Den Bratschenhals und die Schallöcher auf die Grundform kleben.
Anschließend schneiden Sie aus der Goldkordel vier Saiten von je 14 cm Länge zu und plazieren diese nebeneinander auf der Bratsche. Kordelanfang und -ende mit Klebstoff fixieren. Die Klebestellen werden mit dem Saitenhalter und dem Sattel (oberes Endstück) verdeckt. Unterhalb des Sattels das Aufhängeband befestigen.
Zuletzt ein Loch in den Bratschenbogen stechen, Goldkordel durchfädeln und den Bogen am Aufhängeband anknoten.

Weihnachts-Gänse

- Gehobeltes Kiefern- oder Fichtenholz, Stärke 13 mm
- Sperrholzplatte, Stärke 6 mm
- Bastelfarbe, weiß, schwarz, gelb und grün
- Klarlack
- Holzschraube
- Stoffrest, 14 cm x 14 cm

Die Gänsemotive auf das Holzbrett übertragen und aussägen. Die Bodenplatte wird aus dem dünneren Sperrholz gearbeitet.

Das Holz mit Schleifpapier glätten. Anschließend die Gans weiß grundieren, dabei wird die Farbe mit einem Borstenpinsel grob aufgetupft. So erhalten die Gänse eine leicht unregelmäßige, strukturierte Farboberfläche.

Schnabel und Füße setzen Sie gelb ab, das Auge tragen Sie punktförmig auf. Nach dem Trocknen den Klarlack aufbringen.

Nun wird die Gans mit einer Holzschraube von unten an der Bodenplatte fixiert. Wenn Sie das Loch für die Schraube mit einem kleinen Bohrer vorbohren, spleißt das Holz nicht.

Zuletzt wird aus dem Stoffrest das Halstuch geschneidert. Schneiden Sie den Stoff diagonal durch, schlagen Sie das entstandene Dreiecktuch an den Kanten schmal ein, und steppen Sie das Tuch mit der Maschine ab. Dann bekommt die Gans ihr Tuch um den Hals.

Mich friert's!

- Gehobeltes Kiefern- oder Fichtenholz, Stärke 13 mm
- Sperrholzplatte, Stärke 6 mm
- Rundholz, ø 6 mm, 2–3 cm lang
- Bastelfarbe, hellblau, weiß, orange und schwarz
- Klarlack
- Holzleim
- Wolle, blau und weißblau-meliert
- Stricknadeln, Stärke 3

Den Körper mit den Beinen aus der Kiefernholzplatte, die Arme und den Kopf aus der dünneren Sperrholzplatte aussägen. Die Holzteile mit Schleifpapier glätten.

In den Kopf wird vorsichtig eine Vertiefung von 6 mm Durchmesser eingebohrt; hier wird später die Nase eingeleimt. Das Holz darf dabei nicht durchgebohrt werden, weil der Hinterkopf frei sichtbar bleibt!

(Fortsetzung Seite 24)

Anschließend wird der Schneemann (mit Ausnahme der Nase) weiß grundiert. Malen Sie dann beidseitig den blauen Pulli auf, das weiße Karomuster tragen Sie mit einem dünnen Pinsel auf. Die Nase wird orange eingefärbt und anschließend mit etwas Leim im Nasenloch befestigt.
Zuletzt gestalten Sie das Gesicht. Dann werden die Arme und der Kopf auf den Körper geleimt, danach kann der Schneemann lackiert werden. Mütze und Schal werden aus blauer Wolle gestrickt und mit Bommeln aus weißblau-melierter Wolle verziert.

Mütze: 40 Maschen anschlagen und das Bündchen eins rechts, eins links über 10 Reihen stricken, dann glatt rechts über 15 Reihen weiterstricken. In der letzten Reihe den Faden mit einer dicken Nadel durch die Maschen fädeln und eng zusammenziehen. Die Naht mit kleinen Stichen schließen. Das Bündchen wird einmal nach außen umgeschlagen.

Schal: 10 Maschen anschlagen und 80 Reihen eins rechts, eins links stricken. Die Maschen am Ende abketten oder, wie bei der Mütze, einen Faden durch die Maschen fädeln und straffen. Den Schalanfang ebenso arbeiten.

Bommel: Die Wolle mehrere Male schlaufenförmig um einen 2–3 cm breiten Kartonstreifen wickeln. Einen Wollfaden durch die Schlaufen ziehen, den Faden straffen und verknoten. Die andere Schlaufenseite mit einer Schere auftrennen (vgl. Seite 12). Die Wollbommel am Schal bzw. an der Mütze befestigen.

Christbaum-anhänger aus Stoff

Diese Anhänger schmücken nicht nur einen Weihnachtsbaum, sondern Sie können damit auch einen einzelnen Tannenzweig dekorieren. Die Anfertigung der Stoffmotive ist sehr einfach und geht schnell von der Hand.

- Baumwollstoff
- Goldlaméstoff
- Bügelvlies (Volumenvlies)
- Stoffkleber
- Schleifenband, rot

Jeder Anhänger besteht aus zwei gleichen, mit Bügelvlies verstärkten Motivteilen. Zu Beginn wird das Volumenvlies auf die linke Seite des Baumwollstoffs bzw. des Goldlamés gelegt und durch einfaches Überbügeln befestigt, dabei legen Sie zum Schutz des Bügeleisens ein feuchtes Tuch auf. Anschließend schneiden Sie die Motive jeweils doppelt zu.
Nun werden die beiden Stoffteile mit der Rückseite (Vliesseite) paßgenau aufeinandergelegt, ein rotes Aufhängeband wird eingeschoben und alles mit eng eingestelltem Zickzack-Stich mit der Nähmaschine zusammengenäht. Eventuell vorhandene Unregelmäßigkeiten am Rand werden mit einer Schere nachgeschnitten. Sie können auch auf das Nähen verzichten und die Anhänger mit Stoffkleber verbinden.

Verteilen Sie dann den Kleber dünn auf dem Volumenvlies, und drücken Sie die beiden Teile zusammen. Auch hier wird der Aufhängefaden gleich mit eingearbeitet.

Hexe mit Kopftuch

- lufttrocknende Modelliermasse
- Bastelfarbe, hautfarben, grün, rot, braun, blau und weiß
- Klarlack
- Schaschlikstäbchen, 12 cm lang
- Naturbast
- karierter Baumwollstoff, 11 cm x 11 cm

Der Hexenkörper wird aus lufttrocknender Modelliermasse gestaltet. Für den Körper formen Sie einen Kegel von ca. 6 cm Höhe. Die Arme bestehen aus einer ca. 12 cm langen und 1 cm dicken Rolle. Die Armrolle wird in Schulterhöhe um den Hals gelegt und auf dem Rücken mit dem Körperkegel glatt verstrichen.

Eine Kugel von 3 cm ø bildet den Kopf; das Kinn ziehen Sie leicht heraus, so daß es spitz absteht. Die Nase wird separat aufgesetzt. Als Haare rollen Sie mehrere dünne Streifen aus der Modelliermasse, verdrehen diese ineinander und drücken sie in Stirnhöhe auf dem Kopf fest. Nun noch mit dem Schaschlikstäbchen das Loch für den Hexenbesen durch den Körper stoßen, anschließend lassen Sie die modellierte Hexenfigur einige Tage trocknen.

Die Hexe nach Wunsch mit Bastelfarben bemalen und lackieren. Der Baumwollstoff wird mit einer Zackenschere zugeschnitten und zu einem Dreiecktuch gefaltet. Das Kopftuch legen Sie der Hexe um und verknoten es unterhalb des Kinns.

Zum Schluß mehrere 12 cm lange Baststreifen zur Hälfte legen, so daß ein Bündel von 6 cm Länge entsteht. Das Bastbündel mit dem geknickten Ende auf das Schaschlikstäbchen schieben und den Ansatz eng mit Bast umwickeln. Den Besen durch das Loch im Hexenbauch stecken.

Hexenmobile

- Prägefolie (Aluminiumfolie), rot
- Satinband, grün
- Koniferengrün
- Blumendraht

Die Hexe, den Mond und die Sterne aus roter Prägefolie ausschneiden. Legen Sie die Hexe mit der Vorderseite auf eine weiche Unterlage, und drücken Sie die Konturen und Verzierungen mit einer Stricknadel durch.

Mit einer Lochzange die Aufhängelöcher in die einzelnen Motive stanzen und grünes Satinband durchziehen.

Das Koniferengrün wird zusammengelegt und mit dünnem Blumendraht zusammengebunden. Die Mobileteile ordnen Sie darunter an, einige Sterne können Sie auch direkt ins Grün setzen. Als Aufhängeband grünes Satinband befestigen.

Die Wichtel kommen!

Holzwichtel

- Sperrholzplatte, Stärke 4 mm
- Bastelfarben, rosé, violett, rot, weiß und schwarz
- Klarlack
- Holzperle, ø 1 cm, violett
- Holzring (Gardinenring), ø 4 cm
- Baumwollgarn

Den Wichtel auf die Sperrholzplatte übertragen und aussägen. Die Kanten mit Schleifpapier glätten.
Anschließend die Figur mit Bastelfarben anmalen. Das helle Violett des Ärmels und das helle Rosé des Gesichtes und der Hände erhalten Sie, wenn Sie die entsprechende Grundfarbe mit etwas weißer Farbe vermischen. Die Augen und die Nase tupfen Sie mit Hilfe eines dünnen Holzstäbchens auf. Danach wird der Holzwichtel lackiert. Wenn der Lack getrocknet ist, stechen Sie mit einem spitzen Gegenstand von oben ein Loch in die Zipfelmütze und kleben einen Baumwollfaden darin fest. Auf den Faden fädeln Sie eine violette Holzperle und knoten das Baumwollgarn an einem Gardinenring fest.

Winterwichtel-Mobile

- Tonkarton, hautfarben und weiß
- Tonkarton (einseitig genarbt), rot, grün, violett, schwarz und weiß
- Holzperlen, ø 1 cm, rot, grün und violett
- Filzstift, schwarz
- Creme-Rouge
- Baumwollgarn

Jede Wolke einmal aus dem glatten, weißen Tonkarton ausschneiden. Die verschiedenen Teile der Wichtelfiguren fertigen Sie jeweils doppelt an.
Zuerst wird der Wichtelkörper beidseitig auf der Wolke plaziert, dabei die Füße unterschieben und mitfixieren. Nacheinander den Bart, das Gesicht, die Hände und die Arme aufkleben.
Mit einem schwarzen Filzstift wird die Mundlinie aufgezeichnet, Nase und Augen werden punktförmig aufgemalt. Die Wangen mit etwas Rouge betonen.
In die Mützenspitzen und die Wolken mit einer Nadel kleine Löcher einstechen, Fäden hindurchziehen und die Wichtel entsprechend der Abbildung zu einem Mobile arrangieren. Fädeln Sie dabei auf die Verbindungsfäden je eine bunte Holzperle als Mützenbommel mit auf.

WEIHNACHTSENGEL

- Puppenrohling (Seilfigur), ca. 21 cm hoch
- Baumwollstoff, 60 cm x 20 cm
- Goldlaméstoff, 30 cm x 25 cm
- Volumenvlies, 25 cm x 15 cm
- 2 Holzperlen, ø 8 mm
- Hutgummi
- Goldkordel
- Goldborte, 4 mm breit
- Feenhaar

Der Engelkörper besteht aus einem biegsamen Puppengerüst (Seilfigur), bei dem bereits Kopf, Hände und Füße befestigt sind. Im Handel sind auch Seilfiguren erhältlich, die noch mit diesen Holzteilen ergänzt werden müssen.
Zusätzliches Material:

- Holzkugel, 4 cm ø (Kopf)
- 2 Holzkugeln, 1,5 cm ø (Hände)
- 2 Holzfüße

Kleid: Vorder- und Rückenteil und die Ärmel doppelt aus dem Baumwollstoff zuschneiden (Nahtzugabe ca. 1 cm). Die Zuschnitte mit Zickzack-Stich versäubern, rechts auf rechts legen und steppfußbreit absteppen. Die Ärmel mit Vorder- und Rückenteil vernähen. Dann wird die Seitennaht und fortlaufend die Ärmelnaht geschlossen. Anschließend schlagen Sie den Halsausschnitt schmal ein und steppen ihn ab.
An Kleid und Ärmelbündchen Säume nähen. Das Kleid wenden und die Nähte ausbügeln.
In die Ärmelbündchen ziehen Sie mit einer Stopfnadel etwas Hutgummi ein, in den Halsausschnitt die Goldkordel. Wenn das Kleid später dem Engel übergestreift wird, kann der Ausschnitt zusammengerafft werden.
Die Kordelenden zu einer Schleife binden und die Enden mit je einer Holzperle verzieren.

Flügel: Die Flügel doppelt aus dem Goldlaméstoff und einmal aus dem Volumenvlies ausschneiden. Als Nahtzugabe jeweils 1 cm zugeben.
Das Vlies von links auf einen Lamézuschnitt bügeln. Anschließend legen Sie die Flügel rechts auf rechts aufeinander und steppen sie zusammen, dabei eine Öffnung zum Wenden lassen. Den Stoff wenden, ausbügeln und mit einigen Handstichen die Öffnung verschließen. Das Flügelpaar mit der Hand am Kleid (Rückenteil) annähen.

Die Haare des Weihnachtsengels bestehen aus Feenhaar. Das Haar großzügig zuschneiden und auf dem Kopf befestigen. Zuletzt erhält der Engel noch seinen goldenen Haarreifen; dazu die Goldborte einmal um den Kopf herum kleben.

Sternenlicht für den Tisch

- Sperrholzplatte, Stärke 6 mm
- Holzbeize auf Wasserbasis, rot
- Glas-Teelicht
- Satinband, rot
- Blattgrün (Koniferen)
- Golddraht

Die Sternenmotive auf das Sperrholz übertragen und aussägen. Der sternförmige Boden wird einmal, der mittlere Stern zweimal und der kleine Stern dreimal benötigt.

Das Holz mit Schleifpapier glätten und anschließend mit Holzbeize rot einfärben. Die kleineren Sterne werden auf die Zackenspitzen des Bodenteils geleimt. In der Mitte befestigen Sie mit Heißkleber ein Glas-Teelicht.

Das Blattgrün bündeln und mit Golddraht zusammenbinden. Die Enden des Drahtes winden Sie um ein Stäbchen und formen kleine Schillerlocken.

Zuletzt rotes Satinband um das Teelicht wickeln und das Gesteck anknoten.